RÉFUTATION

DES

NOUVEAUX PROCÉDÉS POUR LES VIGNES,

PUBLIÉS SOUS LE TITRE DE

NOUVELLE DÉCOUVERTE,

PAR UN CORRESPONDANT DE LA SOCIÉTÉ D'ÉMULATION DE
BORDEAUX ;

Par M. le Baron de Rigault,

AUTEUR DE LA NOUVELLE MÉTHODE DE CULTURE POUR
LES VIGNES ,

POUR FAIRE SUITE A SON OUVRAGE.

BORDEAUX,

IMPRIMERIE DE P. COUDERT , RUE SAINT-REMY , N.º 41.

———

AOUT M. D. CCC. XXVI.

RÉFUTATION

DES

NOUVEAUX PROCÉDÉS POUR LES VIGNES,

PUBLIÉS SOUS LE TITRE DE

NOUVELLE DÉCOUVERTE.

———

Lorsque votre ouvrage a paru à Bordeaux, M. Frances, je n'ai pu en prendre connaissance de suite, puisque j'étais à la campagne et malade ; autrement, nous aurions pu avoir occasion de prendre connaissance des lois de la librairie. En apprenant que vous aviez vendu votre ouvrage, je n'ai pas voulu faire tort à votre acquéreur ; car, après l'avoir lu, et avoir jugé que vous n'aviez pas craint de me nuire, puisque vous n'ignoriez pas que ma nouvelle méthode était présentée comme parant à tous les inconvéniens de la coulure, excepté ceux provenant des météores et des animaux ; cependant, réfléchissant que votre concurrence ne pouvait me nuire qu'un moment, et qu'elle pourrait me devenir avantageuse par la suite, en me donnant occasion d'entrer dans de nouvelles considérations et dans quelques détails sur les diverses opérations qu'exige la vigne et sur les principes que nous professons l'un et l'autre. J'ai jugé que mon but se trouvera rempli, puisqu'il tend uniquement à éclairer les propriétaires sur leurs vrais intérêts, et à établir dans le pays les bases d'une prospérité constante. Au surplus, vous approuvez mes procédés, et quoique ce ne soit que parce qu'ils sont favorables à vos vues, votre approbation l'est aussi aux miennes; car deux voix valent mieux qu'une pour déterminer les propriétaires à faire quelques expériences qui les conduiraient certainement au but; je ne dis pas les vignerons, car l'évidence n'est rien pour eux : leur vieille routine est tout, quoiqu'elle soit évidemment destructive, et nullement d'accord avec la température actuelle du pays. Mais, M. Frances, puisque vous êtes venu vous établir sur mon terrain, il n'est pas douteux que vous me donnez le droit de vous en repousser. Je n'en profiterai cependant que pour mettre chaque chose à sa place, donnant à César ce qui appartient à César. Dans cette discussion, la modération sera ma loi, et, sans avoir l'intention de critiquer, je dirai franchement ma pensée.

CERTIFICATS.

Aucun des certificats que vous avez insérés dans votre ouvrage n'est suffisant pour établir une opinion solide sur l'efficacité des procédés qu'ils énoncent. Celui du jardinier de la Société d'agriculture de Toulouse serait le plus authentique, si l'on n'avait oublié d'établir un objet de comparaison, et si l'on n'avait opéré sur trois procédés à la fois : car auquel attribuer le bon effet, s'il y en a ; mais il est à présumer qu'il n'est dû à aucun, puisque l'année a été sèche, et ce sont les années pluvieuses, au temps de la fleur, qui sont le plus préjudiciables par la coulure, et la coulure ne se fait pas sentir tous les ans ; mais les certificats en disent assez pour engager les propriétaires à faire eux-mêmes quelques expériences comparatives et suivies.

PINCEMENT,

Avant la fleur, des principaux bourgeons.

D'après mes principes, je regarde ce pincement comme plus dangereux qu'utile ; car si la grappe est assez vigoureuse par elle-même pour résister à la coulure, en augmentant la force de la sève, vous risquez de la faire couler. Cette opération est d'ailleurs sujette à d'autres inconvéniens ; car, si vous avez ébourgeonné, la sève fait partir les rejetons trop tôt, et les principaux bourgeons, arrêtés dans leur pousse, n'acquièrent point la longueur nécessaire pour la taille à long bois du pays. Cette opération est inutile avec ma méthode, puisque la grappe, au moyen du rognage que j'opère l'année avant sur tous les bourgeons, après que le fruit est noué, acquiert une vigueur qui la garantit sûrement de la coulure par faiblesse.

Un grand propriétaire a mis cette année votre procédé en expérience; ayant désigné à cet effet un canton de ses vignes, et en avoir pincé la moitié, il en est résulté que les deux parties ont coulé également. Une seule expérience ne peut suffire pour asseoir un jugement; cependant, je ne puis croire qu'elle puisse être utile dans aucun cas; car, quand bien même ma méthode ne la rendrait pas inutile, la vigne coulant par trop de vigueur comme par trop de faiblesse, il serait possible que cette opération la fît couler plus souvent, que de la garantir de la coulure, selon les circonstances. Je suis si convaincu des effets du principe que je viens d'émettre, qu'en rognant ma vigne après le fruit noué et assuré, et que la cou-

Jure n'est plus à craindre pour l'année, je sais que je lui donne une vigueur telle qu'elle ne manquerait pas de couler à la pousse prochaine, si je n'avais le soin d'y remédier, en laissant des sorties à la sève en conséquence de la force du cep : ce qui fait dire aux vignerons que je la taille à mort, quoique mes vignes augmentent tous les ans de vigueur ; mais aussi les yeux, qui doivent fournir les bourgeons à la taille prochaine, acquièrent, par cette opération faite à propos, un degré d'embonpoint, de maturité, de perfection tel que leurs bourgeons ne sortent jamais sans grappes, et que ces grappes sont en état de résister à tous les événemens capables de les faire couler, sans cela, par faiblesse.

SUR LE FILE-COULEUR.

Votre file-couleur, M. Frances, est aussi extraordinaire que la source sacrée dont vous l'honorez. Je ne nie pas, cependant, qu'il ne mérite une sérieuse attention ; car il n'est pas raisonnable de nier l'efficacité d'un moyen que l'on n'a pas éprouvé. D'ailleurs, dans le temps de son origine sacrée, que vous fixez à soixante ans, il se faisait souvent des miracles, et je ne doute pas que lui-même ne soit dû à un miracle, si on a réellement le pouvoir d'avancer, par sa destruction, la fleur de vingt jours, et d'empêcher, par le même sacrifice, la grappe de couler, et la faire arriver sans perte aux vendanges, comme vous le prétendez. Si cela est, la génération présente et les futures, et moi en particulier, vous en aurons une éternelle obligation ; car, jusqu'ici, il n'était pas facile de parer aux coups de soleil après la pluie, à la cessation de sève, au ver de la vigne, au colimaçon, à l'araignée, à la poussière et au frottement, enfin à toutes les causes de destruction ; et nous en serons délivrés sans peine, d'un seul coup de ciseaux !

Cherchons la vérité par des expériences ; je désire qu'elles nous mettent de votre parti ; mais vous m'avouerez qu'il faudrait être bien confiant pour y croire auparavant ; car ce file-couleur est la main de la grappe, que la nature lui a donnée pour se soutenir au besoin. La vigne n'a pas toujours été cultivée : est-il raisonnable de penser que la nature, qui a pourvu avec une prévoyance de mère aux besoins de tous ses enfans, ait donné à la grappe de la vigne une main parricide ? Pour moi, après avoir lu votre ouvrage, j'ai visité avec soin mes vignes et celles des environs, sans pouvoir découvrir ce redoutable ennemi ; je n'ai vu partout que des mains qui n'annonçaient aucune intention hostile, car leur embonpoint était tel que leur entretien n'avait pas coûté cher à leur mère ; la plupart avaient même le bout sec, et d'autres y avaient une grappe. Ainsi donc il paraîtrait certain, d'après cet examen, que, dans ce pays au moins, s'il se trouvait des cépages vicieux au point de manger leur maîtresse, ils se-

raient très-rares, et il paraîtrait sûrement
économique de les mettre dans la classe de
ceux que je conseille au bon vigneron de
supprimer, ou de greffer d'un meilleur cépage; car s'il fallait couper la main à toutes
les grappes des vignes, l'ouvrage serait pire
encore, quoi que vous en disiez, que l'incision annulaire; car il y a plus de grappes
que de bourgeons, et toutes les fois que l'on
demandera des travaux longs, minutieux,
par conséquent impraticables en grand, il
vaudrait mieux se taire.

Les vignerons de ce pays-ci reconnaissent
bien qu'il y a des cépages qui coulent tous
les ans, mais ils ne reconnaissent d'autre
cause à cette coulure que les coups de soleil
après la pluie, quoique la vigne ait bien
d'autres ennemis qui tendent tous à diminuer la récolte, sans y comprendre votre
file-couleur, comme on l'a vu plus haut. Je
suis donc persuadé que le moyen le plus
naturel de neutraliser tous leurs dégâts, est
de faire naître sur les ceps assez de grappes
bien nourries, pour qu'en définitive il reste

chaque année une bonne récolte au propriétaire : ma nouvelle méthode y pourvoit efficacement.

Sur la Coulure à la pousse de la vigne et sur l'incision annulaire.

Il est constant qu'il y a deux époques pour la coulure de la vigne, celle à la pousse et celle à la fleur ; il est constant aussi que la vigne coule par faiblesse et par trop de vigueur. La coulure à la pousse est occasionnée par une sève trop vive et trop abondante pour la sortie que les vignerons lui donnent ordinairement à la taille des ceps vigoureux, c'est la coulure par trop de vigueur. *Secundo*, lorsque les bourgeons qui portent les yeux qui doivent fournir la taille de l'année d'après, et ces mêmes yeux n'ont pas reçu une nourriture suffisamment abondante et une maturité parfaite, leurs grappes ne naissent pas ou périssent en naissant, c'est la coulure par faiblesse.

On fait généralement moins d'attention à la coulure à la pousse, qu'à celle à la fleur, parce qu'elle est peu visible; c'est cependant la plus préjudiciable, car si les bourgeons amenaient tous leurs grappes, comme cela devrait être et ne manquerait pas d'arriver si l'on suivait les procédés que j'indique dans ma nouvelle méthode de culture, les récoltes seraient infiniment plus abondantes qu'elles le sont ordinairement, car la coulure à la fleur, quoiqu'elle soit due à plusieurs causes, outre la faiblesse, n'est jamais assez considérable pour les diminuer beaucoup.

Vous voyez par ces détails, M. Frances, que vous critiquez mal à propos l'auteur de l'incision annulaire et sa méthode, puisqu'il est généralement reconnu qu'elle remplirait son but, dans le cas auquel elle était destinée, qu'elle se pratique encore aujourd'hui dans quelques jardins, seulement elle n'est pas praticable en grand, et ma méthode de culture la rend parfaitement inutile. Mais votre critique prouve que vous n'avez pas seulement d'idée de la coulure à la pousse par trop de vigueur et même par trop de faiblesse, car vous prétendez remédier à tout, au moyen du retranchement de votre file-couleur, et cependant vous ne pouvez faire votre opération que sur des grappes déjà nées ; vous prétendez, avec un très-petit moyen, obtenir un très-grand résultat, ce qui ne s'accorde guère avec les lois ordinaires de la nature.

Au surplus, l'on aurait beau fortifier, comme vous le voulez, on ne parerait jamais qu'aux causes de faiblesse ; ainsi, il restera toujours celles de trop de vigueur, les dégâts occasionnés par les météores, les animaux, les frottemens et autres, qui ne sont pas en petit nombre, comme on a pu voir ci-dessus. L'essentiel est donc de faire naître autant de grappes que la vigne peut en porter, sans la charger au-delà de sa force, quelque événement qui arrive alors, il restera toujours une récolte abondante : car chaque

cépage a son époque pour mûrir, les grappes du même cep ne fleurissent pas en même
temps, non plus que les grains de chaque
grappe, et les autres causes de dégât ne se
font pas sentir toutes en même temps, ni
d'une manière considérable. Il est donc
certain que puisque ma méthode, qui est
éprouvée depuis longues années, pare à
tous les événemens autant que possible,
la vôtre, lors même qu'elle serait bonne,
ce qui est bien douteux, viendrait ici en
contravention et inutilement. Dans le principe, c'est-à-dire dans l'endroit où j'ai com-
mencé à tailler la vigne, les vignerons sui-
vaient leur routine aveuglément, sans con-
naître les effets des procédés qu'ils prati-
quaient, et auraient mis autant d'obstina-
tion à en changer que ceux de ce pays : ce
serait partout de même ; je suis donc loin
d'approuver M. Francès, lorsqu'il va cher-
cher ses procédés chez une classe d'hommes
qui n'a jamais cessé d'être la plus ignorante
et la plus superstitieuse, parce qu'elle a toujours manqué de moyens de s'instruire,

et notamment dans le temps où il fixe la découverte de son file-couleur rongeur.

Pour moi, qui n'ai entrepris de m'occuper d'agriculture que dans l'espoir de participer à son amélioration, je n'ai jamais cherché la lumière que dans les expériences dont la pratique fournit sans cesse les occasions; j'ai été assez heureux pour distinguer les bons ou mauvais effets des divers procédés, et pour en ajouter plusieurs très-essentiels pour la vigne : ce qui me met à même de pouvoir offrir au public la meilleure, la plus complète méthode de culture pour la vigne, et appropriée au climat et à la température. Propriétaires, cherchez la vérité de ce que je propose dans des expériences ; au surplus, ne mérité-je pas quelque confiance, puisque je prouve sans cesse ce que j'avance : venez voir, et faites ensorte que les travaux de presque ma vie entière, ne soient point perdus pour votre postérité, je mourrai content.

PLANTATION DE LA VIGNE.

Nous voici donc encore, M. Frances, d'un sentiment absolument opposé : aussi, pour un correspondant de Sociétés savantes, pourquoi cherchez-vous toujours la lumière dans les ténèbres ? Les temps sont changés, la raison nous éclaire, et j'espère vous y ramener par des raisonnemens bien simples. Vous dites que la meilleure manière de planter la vigne est à la barre de fer ; d'abord, parce que cette méthode est plus économique, qu'elle oblige les racines à s'enfoncer en terre et à pivoter ; ce qui est, selon vous, très-avantageux. Vous approuvez aussi le rasement des racines du collet du cep, en disant qu'elles épuisent les autres racines, et que non-seulement leur suppression soulage le cep, mais oblige aussi le pivot et les autres racines à s'enfoncer en terre ; que par-là elles sont garanties du froid de l'hiver et de la grande chaleur de l'été.

Je réponds : Il en manque beaucoup plus à la barre, à cause de la difficulté de recombler parfaitement le trou. En définitive, la dépense est à peu près la même qu'à la fosse. Je préfère la plantation à la fosse, quand elle est possible, et sans défoncer le terrain, parce que je désire que toutes les racines s'étendent horizontalement sur une terre ferme, sachant que plus elles seront près de la superficie du terrain, mieux elles profiteront de la chaleur, et elles seront plus à portée de recevoir les bienfaits que leur apporte continuellement la circulation de l'air.

C'est une hérésie de dire que les racines de la superficie mangent les autres; les couper, c'est faire tort à la plante, car elles contribuent plus qu'aucune autre à sa prospérité, et notamment à la maturité du raisin; toutes racines, au contraire, qui s'enfoncent au-delà de la terre cultivée, c'est-à-dire dans une terre qui n'a pas été remuée depuis long-temps, ne se trouvent plus en état de fournir de la sève à la plante, ni de

se nourrir elles-mêmes, puisque la circulation ne peut plus rien lui apporter, et que
la terre est dépourvue de nourriture; elles
ne vivent donc que de la sève que les
feuilles et tous les pores de la plante lui
fournissent, par conséquent aux dépens
de la plante. Tout pivot n'est utile qu'aux
grands arbres, pour les défendre des vents;
les cultivateurs et les jardiniers ne man-
quent jamais de le couper à tous les arbres
fruitiers et autres qu'ils transplantent,
ainsi qu'à toutes les plantes; la vigne est
une de celles qui a le moins besoin de
pivot, puisque, sauvage ou cultivée, il lui
faut un appui.

A la température de ce pays, les racines
ne souffrent pas du froid. A l'égard du
chaud, c'est peut-être la plante qui y résiste
le mieux, et à laquelle il est le plus nécessaire, puisque plus la chaleur est grande,
plus le vin acquiert de qualité. Elle craint
si peu le chaud, que j'ai des ceps de vigne
espaliés à un mur de bâtiment, exposés au
plein midi, dans une cour entourée de murs

des autres côtés, et où, par conséquent, la chaleur est concentrée; le terrain est un sable gravier; les racines sont toutes horizontales; les feuilles sont si vertes qu'elles en sont noires; le fruit, ombragé seulement de quelques feuilles, se comporte fort bien. Venez voir, la chaleur est assez vive pour vérifier un tel fait.

Monsieur Frances donne, pour couvrir les cuves, un autre moyen que le mien; il peut être très-bon; mais comme je présume qu'il ne se pratiquera presque nulle part, je renvoie les propriétaires au mien, en les prévenant que je l'ai pratiqué pendant plusieurs années dans mon pays, il y a près de quarante ans, avec un plein succès, puisque, par son moyen, j'avais toujours le meilleur vin du pays, et qu'il se transportait pour la consommation de Paris; j'étais le seul qui pratiquât cette méthode, très-simple et à portée de tout le monde.